U0392413

当诗词
遇见科学

陈征 著

15

北京时代华文书局

图书在版编目（CIP）数据

当诗词遇见科学：全20册 / 陈征著 . — 北京：北京时代华文书局，2019.1（2025.3重印）

ISBN 978-7-5699-2880-8

Ⅰ. ①当…　Ⅱ. ①陈…　Ⅲ. ①自然科学－少儿读物②古典诗歌－中国－少儿读物　Ⅳ. ①N49②I207.22-49

中国版本图书馆CIP数据核字(2018)第285816号

拼音书名 | DANG SHICI YUJIAN KEXUE：QUAN 20 CE

出 版 人 | 陈　涛
选题策划 | 许日春
责任编辑 | 许日春　沙嘉蕊
插　　图 | 杨子艺　王　鸽　杜仁杰
装帧设计 | 九　野　孙丽莉
责任印制 | 訾　敬

出版发行 | 北京时代华文书局 http://www.bjsdsj.com.cn
　　　　　北京市东城区安定门外大街138号皇城国际大厦A座8层
　　　　　邮编：100011 电话：010-64263661　64261528
印　　刷 | 天津裕同印刷有限公司
开　　本 | 787 mm×1092 mm　1/24　印　张 | 1　字　数 | 12.5千字
版　　次 | 2019年8月第1版　　　印　次 | 2025年3月第15次印刷
成品尺寸 | 172 mm×185 mm
定　　价 | 198.00元（全20册）

自 序

　　一天，我坐在客厅的沙发上，望着墙上女儿一岁时的照片，再看看眼前已经快要超过免票高度的她，恍然发现，女儿已经六岁了。看起来她一直在身边长大，可努力搜索记忆，在女儿一生最无忧无虑的这几年里，能够捕捉到的陪她玩耍，给她读书讲故事的场景，却如此稀疏……

　　这些年奔忙于工作，陪孩子的时间真的太少了！

　　今年女儿就要上小学，放眼望去，小学、中学、大学……在永不回头的岁月中，她将渐渐拥有自己的学业、自己的朋友、自己的秘密、自己的忧喜，直到拥有自己的家庭、自己的人生。唯一渐渐少了的，是她还愿意让我陪她玩耍，给她读书、讲故事的时间……

　　不能等到孩子不愿听的时候才想起给她读书！这套书就源自这样的一个念头。

　　也许因为我是科学工作者，科学知识是女儿的最爱，她每多了解一个新的科学知识，我都能感受到她发自内心的喜悦。古诗词则是我的最爱，那种"思飘云物动，律中鬼神惊"的体验让一个学物理的理科男从另一个视角感受到世界的美好。当诗词遇见科学，当我读给孩子，这世界的"真""善"与"美"如此和谐地统一了。

书中的科学知识以一个个有趣的问题提出，目的并不在于告诉孩子答案，而是希望引导孩子留心那些与自然有关的细节，记得观察生活、观察自然；引导孩子保持对世界的好奇心，多问几个为什么。兴趣、观察和描述才是这么大孩子的科学教育应该做的。而同时，对古诗词的赏析，则希望孩子们不要从小在心里筑起"文"与"理"之间的高墙，敞开心扉去拥抱一个包括了科学、文化和艺术的完整的世界。

不得不承认，这套书选择小学语文必背的古诗词，多少还是有些功利心在其中。希望在陪伴孩子的同时，也能为孩子的学业助一把力。

最后，与天下的父母共勉：多陪陪孩子，趁着他们还没长大！

目 录

寻隐者不遇

唐 贾岛

xún yǐn zhě bú yù

sōng xià wèn tóng zǐ
松下问童子，

yán shī cǎi yào qù
言师采药去。

zhǐ zài cǐ shān zhōng
只在此山中，

yún shēn bù zhī chù
云深不知处。

释词

1 隐者：隐士，指隐居在山林乡野中不愿意做官的人。

2 童子：本意指小孩子，此处指隐者的弟子。

3 云深：指山上云雾缭绕。

译文

在古刹中找了许久，也没寻访到我要找的隐士，看到松树下有个可爱的小童，我赶紧走上前询问，你师傅去哪里了？小童挠挠头说，师傅采药去了，又指指云雾缭绕的高山说，师傅就在这座山中，可是林密云深，我也不知道师傅到底在哪里，你还是自己去找吧。

云为什么有时出现在山腰？

　　在《春夜喜雨》中我们提到过，江河湖海中的水蒸发成水蒸气进入空气中，当遇到冷空气时被托上高空变冷，水蒸气重新凝结成小水滴或者小冰晶。这些小水滴虽然很小，直径只有头发丝的几十分之一，可许多许多聚集在一起时，就形成了一片片云。

卷云

　　其实即使没有遇到冷空气，当地面附近的暖湿空气遇到了高山，沿着山坡向上爬升时，温度也会降低。如果山足够高，暖湿气流爬到山腰时温度就足够低，水蒸气凝结成了大量的小水滴和小冰晶，我们就会看到一片片云朵飘在山腰。因为空气中的水蒸气在山腰时已经凝结成了云，到达山顶上的水蒸气很少，所以反而山顶上不容易出现云。

　　有时我们还会看到山腰飘着云，更高的天空也飘着云的现象。这是大气不同的流动方式造成的。一般低空的一团团的云叫作"积云"，高空一卷卷的叫作"卷云"，仿佛一层平铺开去的叫作"层云"。

草药和现代医药有什么不同？

　　大自然非常神奇，生命和环境之间常常有奇妙的联系，各种生命之间常常能够相互帮助。

　　生病是各种生命都会遇到的问题，有些病人体自身的免疫调节就能战胜，而有些病则需要其他东西来帮忙。古时候人们没有科学的方法和工具，并不知道生病的原因，但通过一次次的尝试，最终在大自然千百万种动物、植物、矿物等东西中找到了一些能够帮助自己的东西，我们把它们称为药材，其中植物类的有时也被叫作草药。

草药在人类漫长的古代历史中给予了人们巨大的帮助，不过它也有很多令人不满意的地方。因为人们并不知道生病的原因，尝试时又缺乏科学的方法，并且草药中的成分还特别复杂，所以很难知道治病的原因、相互之间的反应以及对人体可能的危害。

在有了现代科学以后，人们对人体了解得更清楚，对生病的原因和药物治病的道理以及可能对人产生的危害也更清楚，人们能够从大自然中获取或者人工合成对治疗直接有效又相对安全的药物，这就是现代医药。

以草药为代表的传统医药和现代医药并不矛盾。现代医药其实可以看作是对传统医药的传承和完善。利用现代科学方法对传统医药进行验证，剔除错误的有害的东西，留下和改进有益的东西，才能让人类的医疗水平不断提高，更好地保护人的生命和健康。

宋 范仲淹

江上渔者

江上往来人，但爱鲈鱼美。

君看一叶舟，出没风波里。

12

释词

1 渔者：捕鱼的人。

2 鲈鱼：一种生长快、味道鲜美的鱼。

3 一叶舟：水中的小船就像漂荡在水上的一片树叶。

译文

江岸边来往的人很多，他们只喜爱味道鲜美的鲈鱼。可这些人谁能想到鲈鱼的来之不易啊！如果你不信，请看看江中那些可怜的捕鱼人吧。他们正驾驶着树叶般的小船在风浪中起伏颠簸，时隐时现，随时有葬身鱼腹的危险。

水面的波浪是怎么形成的？

当一叶小舟划过水面，我们会看到一道波浪扩散开去；当风吹过时，也会看到水面上波光粼粼。那么水面上为什么会有波浪呢？

清澈透明的水其实是由数以亿计的水分子组成的。这些水分子紧紧地挤在一起，相互之间还"手拉着手"。如果其中有水分子被推了一下动起来，这个水分子就会把它受到的力传递给周围的水分子，让周围的水分子也跟着动起来。然而这些被推动的水分子并不能跑很远，因为所有的水分子都手拉着手，周围的水分子会把它们再拉回来。水分子这样来回地运动，表面上看就形成了水面的起伏，也就是我们看起来的波浪。

我们在水面上看到波浪扩散开去，其实像风吹麦田时形成的波浪，或我们在体育场看台上制造的人浪一样，只是一种运动形式的传播。水分子并没有随着波浪前行，只是在它原来的位置附近运动。

如果有机会去海里游泳，或者在水上乐园的造浪池中玩的时候，可以试试抱着你的游泳圈静静地漂浮在水中，这时你就会发现当波浪经过的时候，你只是在原地附近，上下左右绕了个圈儿，而并不会跟着海浪走开。

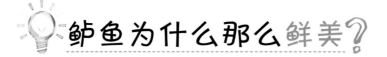

鲈鱼为什么那么鲜美？

　　古诗里说的鲈鱼，通常指的是松江鲈鱼，也叫四鳃鲈鱼。和我们平常所说的青鱼、草鱼、鲢鱼、鳙鱼等这些淡水鱼不同，鲈鱼是一种洄游鱼类，它们出生在大海里。成年的鲈鱼在大海里产卵，等鱼卵孵化成小鱼后，这些小鱼们要游很长的路，从大海中游到淡水河流中长大。当它们在淡水中长大成年后，也会像它们的爸爸妈妈一样，游回大海中去产卵，繁育自己的宝宝。下图是我们常见的鲈鱼。

　　一般的淡水鱼是无法在大海中生存的，反过来海水中的鱼类在淡水里也很难存活。但是鲈鱼这种洄游鱼类，就能够适应淡水和海水的不同环境。也许正是因为这种适应性，使得它具有和普通海水或是淡水鱼类不同的身体结构。组成鲈鱼身体的蛋白质成分也会有很多不同之处，因而食用的时候，它的肉质就显得非常鲜美。

宋 王安石

yuán rì
元日

bào zhú shēng zhōng yí suì chú　　chūn fēng sòng nuǎn rù tú sū
爆 竹 声 中 一 岁 除 ，春 风 送 暖 入 屠 苏 。

qiān mén wàn hù tóng tóng rì　　zǒng bǎ xīn táo huàn jiù fú
千 门 万 户 曈 曈 日 ，总 把 新 桃 换 旧 符 。

释词

1 元日：农历正月初一，即春节。

2 爆竹声：竹子燃烧爆裂发出的响声，古人用以驱鬼辟邪，后来演变成放鞭炮。

3 一岁除：一年已经逝去。

4 屠苏：这里指屠苏酒。

5 瞳瞳：日出时明亮而温暖的样子。

6 桃：桃符。古人在正月初一时在桃木板上写上神荼 (shū)、郁垒 (lǜ) 两位神灵的名字，挂在门上，用来压邪。

译文

阵阵噼里啪啦的爆竹声中，旧年已经过去了。人们在和煦的春风中迎来了新的一年，每个人心中都很高兴。大家围坐在一起，开心地痛饮着新酿的屠苏酒。酒过三巡，人人脸红耳热，新春的气息就更浓了。初升的太阳温暖着千家万户，人们忙着把旧的桃符取下，换上新的桃符。

爆竹为什么会爆炸？

爆竹在中国足有几千年历史了。最早人们发现一些植物在被火烧的时候会发出噼噼啪啪的声音，其中声音最大的就是竹子，于是就用烧竹子发出的声音来驱赶想象中的"鬼怪"。

那么这个噼噼啪啪的声音是从哪儿来的呢？原来竹子的细胞中有许多水分，在被火烧的时候这些水分被加热沸腾，变成水蒸气。水蒸气的体积比水要大好几百倍，它们被挤压在狭小的细胞里，压力变得越来越大，到细胞壁的纤维承受不了这么大压力的时候就会爆开，于是发出噼噼啪啪的声音。竹纤维的强度比一般植物的纤维都要大，能承受的压力更大，爆开的时候威力也就更大，声音更响。

　　后来人们发明了火药，把火药紧紧地裹在纸卷中密封起来，通过导火索来点燃，就形成了今天我们熟悉的爆竹。爆竹爆炸的道理其实和烧竹子差不多，都是在一个密封的容器里突然产生大量气体，造成高压撑破容器发生爆炸。只不过爆竹利用的不再是水沸腾产生的水蒸气，而是火药急剧燃烧时产生的大量气体。

"年"是什么？

　　甲骨文"年"字是上禾下人，在《谷梁传》中有"五谷皆熟为有年也"的句子，所以年的本意指的是五谷成熟一轮的周期，对应在科学上就是地球围绕太阳转一圈的周期。

　　古时候，人们为了庆祝丰收，驱除邪祟，就会燃放爆竹。《山海经》就有燃放爆竹，驱赶山魈恶鬼的传说。到了近代，人们还编出了许多更有趣的传说。

　　一种传说讲有一个恶兽叫作夕，经常危害人间，后来有一个叫作"年"的神仙打败了它。过年就是为了纪念这个神仙"年"，而过年前一天叫除夕，则是为了纪念除掉怪兽"夕"。

　　另一种传说则说"年"是一种怪兽，常出来吓唬人类，糟蹋庄稼。每当它出来的时候，人们就躲进山里。等它走了再出来庆祝躲过了"年"，所以叫"过年"。

　　这些传说虽然并不可考，相互之间也有些矛盾，但是作为故事听起来还是挺有趣的。

　　今天的过年象征着喜庆团圆。

科学思维训练小课堂

① 用画图的方式，记录一周的天气情况。

② 鱼肉的做法多种多样，你最喜欢哪种？红烧、清炖还是油炸？

③ 在你的家乡，过年时有哪些有趣、有意义的习俗呢？

扫描二维码回复"诗词科学"

即可收听本书音频